我的潜水小恐龙

主编 / 韩雨江

U0376413

吉林科学技术出版社

目　录
CONTENTS

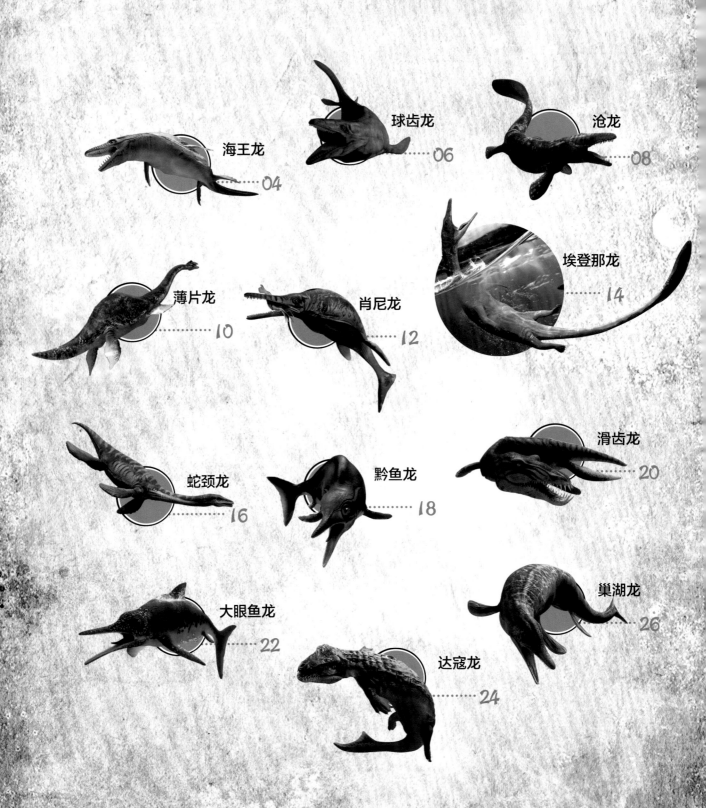

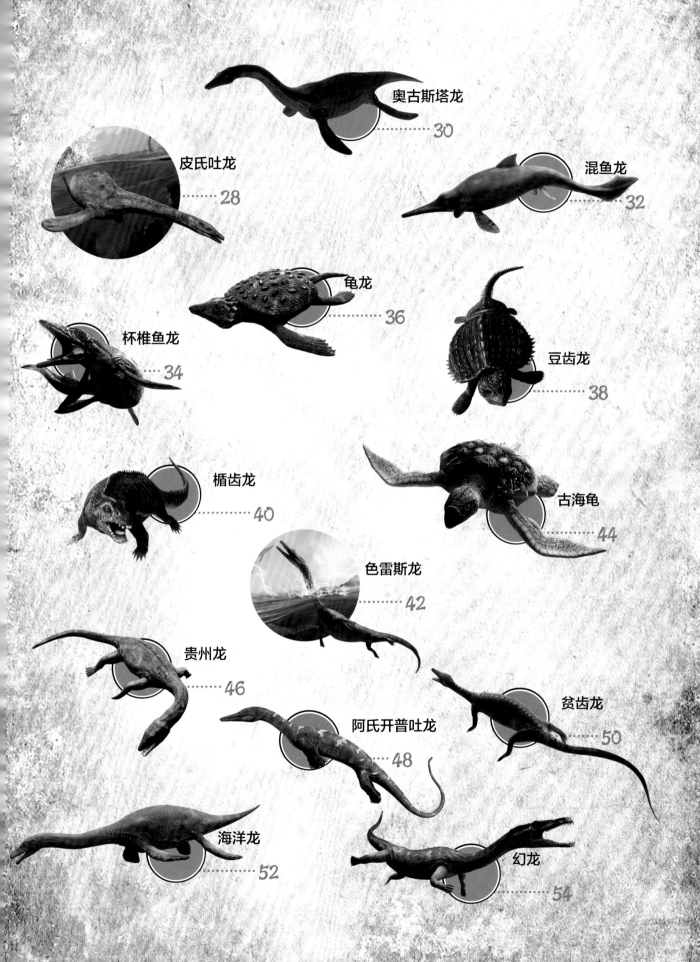

TYLOSAURUS
海王龙
· 致命的潜伏 ·

15 米

1.8 米

强力"推动器"

　　海王龙长而有力的扁平尾巴是令其拥有数一数二游泳速度的主要因素。此尾巴长度大概是身长的一半，脊椎骨扩张的骨质椎体帮助它畅游海洋。

TYLOSAURUS >>>	
拉丁文学名	Tylosaurus
学名含义	有瘤的蜥蜴
中文名称	海王龙
类	沧龙类
食 性	肉食性
体 重	约 10 000 千克
特 征	巨大的长条状身体
生存时期	白垩纪晚期
生活区域	美国

致命武器

　　海王龙的下颌非常强壮，再配合上里面的牙齿，可以说是所有动物的噩梦。它会用这个下颌和两侧的锥形牙齿紧紧咬住猎物，让它们最终亡于嘴下。

我会写

致　　彼　　

TYLOSAURUS >>>

　　在白垩纪晚期，不仅陆地上上演着各种殊死搏斗，在看似平静的海面下，也进行着此起彼伏的争斗角逐。而我们的海王龙，这种生活在美国堪萨斯州的庞大怪兽，因为其强大的掠食能力，就不需要为生活苦苦挣扎了。古生物学家在其化石的胃部找到了种类丰富的食物——有鱼类、小型沧龙类和蛇颈龙类等。海王龙在水中游动的速度极快，即使拥有高超游泳技术的肉食鱼类，也难逃厄运。海王龙不愧于其"海洋之王"的称号。

GLOBIDENS
球齿龙

· 带壳动物的梦魇 ·

6米

1.8米

水中摆"舵"

球齿龙的四肢已经进化成桨状脚，鳍肢与其他沧龙类相同，都很小。当球齿龙游泳时，鳍肢只相当于舵的功能。

我会认

球齿摆舵桨

拉丁文学名	Globidens
学名含义	球状牙齿
中文名称	球齿龙
类	沧龙类
食 性	肉食性
体 重	不详
特 征	流线型身体,扁平尾部
生存时期	白垩纪晚期
生活区域	北美洲

摇摆"大桨"

球齿龙有着长长的桨状大尾,并且尾部扁平。它们游泳速度极快,一旦发现猎物便会紧追不舍,直到咬住为止。

我会写

球　　　齿　　

沧龙类,是生活在白垩纪晚期的海生爬行动物类群。它们食肉,凶猛异常,可谓是当时海洋中一切动物的噩梦。而我们将要介绍的种类可谓几乎囊括了沧龙类的所有特质:速度快、又长又尖的嘴、众多牙齿等。它们就是球齿龙,虽然失去了沧龙类的庞大体形和顶级的捕食技能,但也依靠着高速和灵活的优势,在大海中占有一席领地。

MOSASAURUS
沧 龙

· 雄踞海洋的恶霸 ·

18米

1.8米

声呐系统

　　沧龙的上颌侧面有一组神经，可以检测到食物发出的压力波。沧龙就是利用这个压力波声呐来狩猎的。就像虎鲸使用回声定位来捕食，这个声呐系统能让沧龙有更多的机会找到食物。

敏锐听觉

　　在深海里，回声定位是捕猎的主要手段。为了生存，沧龙改变了其生活在陆地上的祖先的耳朵构造，演化出扩大音量的系统，能够将声音增大38倍，准确获得目标方位。

MOSASAURUS >>>

　　在距今约7 000万年到6 600万年前的白垩纪，一群活跃的沧龙生活在海洋中。它们演化自陆地上的蜥蜴，并在白垩纪晚期快速繁衍生息。它们果断残忍地把其他鱼龙类、蛇颈龙类赶尽杀绝。然而好运不会一直跟着它们，就在沧龙家族为其蓬勃发展沾沾自喜时，来自大自然的灾难降临了，沧龙同样无法逃脱被灭绝的厄运。

拉丁文学名	Mosasaurus
学名含义	默兹河的蜥蜴
中文名称	沧龙
类	沧龙类
食 性	肉食性
体 重	约 33 000 千克
特 征	外形像有鳍肢的鳄鱼
生存时期	白垩纪晚期
生活区域	荷兰、意大利

我会写

沧　　雄

我会认

沧 雄 踞 恶 霸

移动的"平衡器"

　　沧龙在海里拥有无敌的游泳速度，其后肢的四趾已演化成鳍状肢。在尾巴推动前进的同时，鳍状肢负责控制前进方向，可以像飞机的襟翼一样让沧龙迅速转弯，增强动作的灵活性。

ELASMOSAURUS
薄片龙

· 终极版的蛇颈龙 ·

长脖子的烦恼

一切事物都有其双面性。长脖子在给薄片龙带来便利的同时，也令它一生都带着摆脱不掉的烦恼。沉重的脖子使薄片龙无法将头高举出海面，它也就无缘外面精彩的世界了。

12 米

1.8 米

ELASMOSAURUS >>>

在古生物界中，最经典的蛇颈龙形象就属薄片龙了。它堪称蛇颈龙家族的末代枭雄，亲眼见证了家族的极致发展与兴衰没落。薄片龙生活在白垩纪晚期，是长相十分古怪的海洋爬行动物，活像一位长着超长脖子的侏儒症患者。它们身上的鳍状肢共有4个，游泳时就像是愚笨的海龟一样慢腾腾的。因为长脖子限制了其攻击和自卫的能力，也降低了它的反应速度，所以薄片龙在和体形逊于自己的沧龙打斗时，毫无意外地成了沧龙的食物。

拉丁文学名	Elasmosaurus
学名含义	薄板蜥蜴
中文名称	薄片龙
类	蛇颈龙类
食 性	肉食性
体 重	不详
特 征	非常典型的蛇颈龙
生存时期	白垩纪晚期
生活区域	北美洲

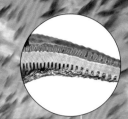

狡猾的攻击

薄片龙就是利用那条占身体一半长的奇特脖子，远远地对猎物进行偷袭而不必担心被其发现。薄片龙非常有耐心，它会悄悄地等待时机，然后闪电般地弹起脖子咬住猎物，一击致命。

我会认
薄 片 终 极 版

胃部宝物

薄片龙一生都在水里度过，靠捕鱼为生。为了更好地吸收营养，它们常常会去搜寻些小型鹅卵石吞掉。不仅可以研磨食物，还为自身增重，便于畅游海底。

我会写

片		极	

SHONISAURUS
肖尼龙

· 最大的鱼龙 ·

我会认

肖尼鱼最奇

我会写

| 肖 | | 尼 | | 鱼 | | 最 | | 奇 |

15 米

1.8 米

SHONISAURUS >>>	
拉丁文学名	Shonisaurus
学名含义	来自肖尼山脉的蜥蜴
中文名称	肖尼龙
类	鱼龙类
食 性	肉食性
体 重	36 000~50 000千克
特 征	极其庞大的体形
生存时期	三叠纪晚期
生活区域	加拿大、美国

捕食功能

肖尼龙牙齿上的釉质并没有条纹，不利于快速拨离鱼肉。这个明显不同于其他肉食性海生动物的特征，是不是意味着肖尼龙并不太爱吃鱼呢？

肖尼龙

SHONISAURUS

奇怪的躯体

肖尼龙没有演化出背鳍，此外，它的尾巴上叶不突出，不像其他鱼类的尾巴那么发育。换一种说法，它们很可能并没有演化出类似现在的海豚的尾鳍。

SHONISAURUS >>>

在距今约 2.15 亿年前的海洋里，生活着目前已发现的最大的鱼龙类——肖尼龙。1869 年，肖尼龙的首批化石在美国内华达州被发掘出来。此后不久，肖尼龙化石便因其硕大的体形与怪异的模样，成为内华达州的"州化石"。肖尼龙的模式种是通俗肖尼龙，身长 15 米，在当时震惊了世界。而在加拿大发现的第二个种——苏柯肖尼龙，已证实其身长达 21 米。以肖尼龙为代表的鱼龙现世，标志着鱼龙最辉煌的时代已经来临。

ENDENNASAURUS
埃登那龙

·尖嘴的近海小霸王·

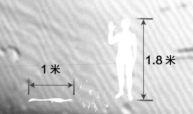

1米　1.8米

ENDENNASAURUS >>>	
拉丁文学名	Endennasaurus
学名含义	埃登那蜥蜴
中文名称	埃登那龙
类	海龙类
食　性	肉食性
体　重	不详
特　征	嘴巴就像锥子一样尖锐
生存时期	三叠纪晚期
生活区域	意大利

长尾巴

埃登那龙有着一条很长的尾巴，并且就像其他海龙一样，是侧向扁平的。这条长尾加上其鳗鱼般狭长而柔韧的身体，使它游起来可能也像鳗鱼那样左右摆动身体。

我会认

埃　登　那　尖　近

埃登那龙是一种非常冷门的海龙类，人们对其所知甚少。它生活在三叠纪晚期的意大利，最醒目的特征是高度特化的、没有牙齿的嘴巴。整体而言，埃登那龙与阿氏开普吐龙非常相似，但是它的颌部要更加细长一些。

尖长的嘴巴

埃登那龙的嘴巴里没有牙齿，这是非常特殊的。学者推测它可能吃一些软体底栖生物或甲壳类，尖尖的嘴巴使得猎物即便躲在岩缝里也无济于事。

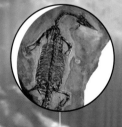

腹部的"骨篮"

埃登那龙有着结实的躯干，其腹部腹肋交织形成一个篮状结构，这个结构能帮助它在游泳时快捷地下沉到水底。

我会写

尖			近		

PLESIOSAURUS
蛇颈龙
· 远古的不老传说 ·

5 米

1.8 米

PLESIOSAURUS >>>

拉丁文学名	Plesiosaurus
学名含义	接近蜥蜴
中文名称	蛇颈龙
类	蛇颈龙类
食 性	肉食性
体 重	约 1 000 千克
特 征	长长的脖子
生存时期	侏罗纪早期
生活区域	东半球

僵硬的脖子

由于蛇颈龙的颈椎很紧密地连接在一起，所以它根本就不能灵活地摆动脖子，只能在允许的范围内做小幅度的摆动和升降动作，更不用说抬高脖子了。

PLESIOSAURUS >>>

1824 年，英国著名的化石收集者玛丽·安宁发现了完整的蛇颈龙化石，在维多利亚时期的英国引起了非常大的轰动。蛇颈龙是首批被发现的海生爬行类之一，与鱼龙共同称霸于中生代时期的海洋，从侏罗纪到白垩纪晚期一直都有它们的身影。

遨游海底

蛇颈龙位于脚部的细长鳍状肢由5个完整的脚趾组成，而且每个脚趾都长有很大的趾骨。学者们就化石推测其鳍脚没有盖满鳞片，而是十分平滑的。两对鳍脚犹如船桨，令蛇颈龙畅游在大海之中。

囤积的"粮食"

蛇颈龙的食谱广泛，残留在其化石腹部中的蛤蜊、螃蟹等其他海底动物化石，证明了蛇颈龙不仅猎食鱼类，同时也能到深海中捕食贝类和软体动物。

QIANICHTHYOSAURUS
黔鱼龙

· 驼背水怪 ·

1.6 米
1.8 米

QIANICHTHYOSAURUS >>>

拉丁文学名	Qianichthyosaurus
学名含义	贵州发现的蜥蜴
中文名称	黔鱼龙
类	鱼龙类
食 性	肉食性
体 重	不详
特 征	又圆又大的双眼
生存时期	三叠纪晚期
生活区域	中国贵州省

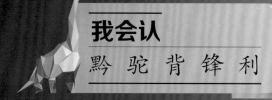

我会认

黔 驼 背 锋 利

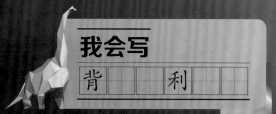

我会写

背 　 　 利 　 　

QIANICHTHYOSAURUS >>>

　　1999 年，中国贵州关岭又传来佳音，古生物学家在新铺乡黄泥塘地段发掘出两具极为奇特的鱼龙化石，命名为"周氏黔鱼龙"，种名献给古生物学家周明镇教授。这是一种中小体形的三叠纪晚期鱼龙，之所以说它奇特，是因为黔鱼龙同时具备了三叠纪鱼龙和侏罗纪鱼龙的双重特征，这种过渡形态的品种为古生物学家研究鱼龙的发展带来了重要的信息。

仿似"驼背"

黔鱼龙还有一些独特的结构，就是它们上躯干部的脊柱极度隆起，其程度已经超过了侏罗纪时期和白垩纪时期的鱼龙，乍看上去好似骆驼的背一样。

锋利的牙齿

黔鱼龙的嘴巴很是细长，嘴里布满了细小锋利的牙齿。如此的嘴部构造是黔鱼龙适应海底生活的结果，这能够帮助它捕食滑溜溜的鱼儿，让鱼儿们无处可逃。

LIOPLEURODON
滑齿龙
·大洋之王·

LIOPLEURODON >>>	
拉丁文学名	Liopleurodon
学名含义	平滑的侧边牙齿
中文名称	滑齿龙
类	上龙类
食性	肉食性
体重	不详
特征	拥有强壮鳍状肢
生存时期	侏罗纪中期
生活区域	德国、法国、英国、俄罗斯

10 米

1.8 米

灵敏的嗅觉

滑齿龙拥有一对鼻腔，这样的优质导航可以轻易地获取猎物的特征。通过鼻孔受到的强烈刺激，滑齿龙可以对猎物进行准确追踪。

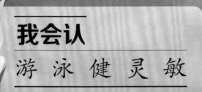

我会认
游泳健灵敏

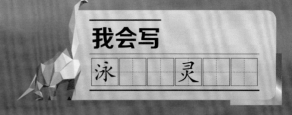

我会写
泳　　　灵　　

游泳健将

作为上龙类，滑齿龙以自身强壮的四个鳍状肢自由穿梭于海洋之中。虽然这样的推进方式不是最有效率的，但是其结实的肌肉却能产生惊人的加速度，在埋伏战中可以轻易地大获全胜。

LIOPLEURODON >>>

在史前海洋中，体形决定领地，凶猛关乎生存，所以在那里，法则取决于强者。侏罗纪中期，海洋中的霸主属于一种凶猛的巨大野兽，这种掠食动物以满口大牙、灵敏的嗅觉，每时每刻都在向海洋中的生物们展现什么叫作"弱肉强食"的自然法则，它就是滑齿龙。

OPHTHALMOSAURUS
大眼鱼龙
·大眼看八方·

OPHTHALMOSAURUS >>>	
拉丁文学名	Ophthalmosaurus
学名含义	眼睛蜥蜴
中文名称	大眼鱼龙
类	鱼龙类
食 性	肉食性
体 重	约3000千克
特 征	眼睛极大，外形优美
生存时期	侏罗纪中期
生活区域	欧洲、北美洲

6 米

1.8 米

被舍弃的牙齿

对于大眼鱼龙来说，大型牙齿的出现会给其长长的嘴部增加阻力和重量，所以生长到成年，大眼鱼龙就会放弃幼时密集的牙齿。舍弃了全部牙齿的大眼鱼龙，只能以没有牙齿的长嘴去追捕乌贼和鱼类。

DINOSTAR
恐龙星际

大眼鱼龙
OPHTHALMOSAURUS

我会认

昏 暗 魅 体 形

我会写

昏 　 　 　 暗 　 　 　

大眼的魅力

大眼鱼龙的眼睛几乎占据了颅骨的所有空间，直径22厘米的大眼在巩膜骨环的保护中，能够在水下保持其形状，并在昏暗的海底捕捉乌贼。

完美体形

大眼鱼龙有着如金枪鱼一般的流线型的身躯、圆润的背鳍、半月形的尾巴，这些使得这种海中的捕食者有着"美人"的美誉。

OPHTHALMOSAURUS >>>

当人们以为鱼龙类已经退出古生物舞台的时候，侏罗纪中期的地质记录中又出现了鱼龙类的踪影，那就是大眼鱼龙。虽然已经不是鱼龙称霸的时代，但是在古老的特提斯海和北海的海域，大眼鱼龙们仍然成群结队地生活在其中，面临各种威胁与竞争，在海洋中占有一席之地。

DAKOSAURUS
达寇龙
· "鳄魔"的袭击 ·

DAKOSAURUS >>>

拉丁文学名	Dakosaurus
学名含义	撕裂的蜥蜴
中文名称	达寇龙
类	海鳄类
食 性	肉食性
体 重	600~800 千克
特 征	巨大的头颅
生存时期	侏罗纪晚期
生活区域	德国、英国、法国、瑞士

5 米　　1.8 米

鲨鱼般的尾巴

达寇龙拥有如鲨鱼一般的尾巴，在尾椎末端的脉弧不仅能够最大面积地容纳肌肉，而且还能使其在水中自由穿梭。

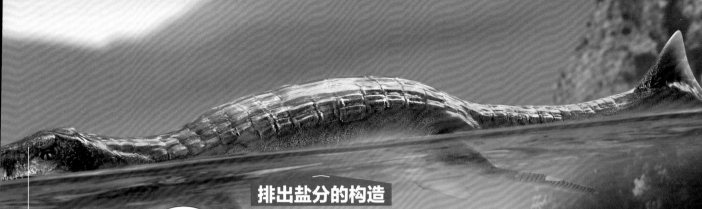

排出盐分的构造

达寇龙作为海洋中的掠食者，对于食物中的过高盐分，有一套适配的装置，即盐腺。古生物学家发现达寇龙的头骨中有一个可以容纳盐腺的腔室，使得达寇龙在摄取较多盐分的同时能够排出多余的盐分。

冲撞功能

达寇龙能够在海战中获胜，主要依靠其头骨的特殊性。达寇龙有三角形的头骨，嘴巴又短又钝。它们在海洋中如射出的子弹一般，冲撞着那些海洋中的猎物。

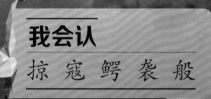

我会认

掠 寇 鳄 袭 般

我会写

掠			般		

DAKOSAURUS >>>

侏罗纪晚期，热带海湾中生活着一种与其他海鳄类有很大差异的远古鳄类，如兽脚类一般的大型头颅，如鱼一般的鳃和尾巴，几十颗锋利的牙齿整齐地排列着，它们就是达寇龙。达寇龙恐怖的头部特征使得它们可以捕捉大型的海洋动物，能够在海中雄霸一方，可谓是海中的暴龙。

CHASMATOSUCHUS
巢湖龙
· 卓越非凡的过渡 ·

0.7 米   1.8 米

CHASMATOSUCHUS >>>

拉丁文学名	Chasmatosuchus
学名含义	巢湖蜥蜴
中文名称	巢湖龙
类	鱼龙类
食　性	肉食性
体　重	约 10 千克
特　征	颈部长，拥有鳍状肢
生存时期	三叠纪早期
生活区域	中国安徽省、云南省

鳗鱼式行进

巢湖龙前进时采用鳗鱼式，其行进所需推力非常小。因为其推力的产生大部分来源于躯体，且越接近尾巴，摆动幅度越大。通常这种前进方式的速度不是很快。

我会认
卓 越 需 渡 巢

我会写
卓			需		

受限的行动

巢湖龙脊椎骨的锥体较大且长，数目较少，椎骨两端多少有些凹陷，已接近双平型，导致身体硬直，这使得它摆动起来不够灵活。

CHASMATOSUCHUS >>>

很久以前，巢湖龙在三叠纪的大海中自由自在地穿梭着，身下是未来的化石之地。巢湖龙的出现时间和歌津鱼龙大致相当，还带着明显的爬行动物特征。巢湖龙是介于早期鱼龙形体动物和真正意义的鱼龙之间的过渡品种。巢湖龙化石与歌津鱼龙化石的现世，清楚地显示出了它们还带有陆地祖先的一些关键特征，有力地证明了鱼龙同样是从双孔类中分离出的一个物种。

PISTOSARUS
皮氏吐龙

· 深海长戟 ·

PISTOSARUS >>>

拉丁文学名	Pistosarus
学名含义	皮氏吐的蜥蜴
中文名称	皮氏吐龙
类	蛇颈龙目
食 性	肉食性
体 重	不详
特 征	鳍状肢
生存时期	三叠纪中期
生活区域	法国、德国

3 米

1.8 米

独特的水中潜游

　　皮氏吐龙有 4 个鳍状肢。而脊椎骨的僵直状态表明它可以用鳍状肢向前滑动，可能借用鳍状肢的摆动与上下动作来推动自己前进。这在水生动物中是不常见的。

尾部控方向

皮氏吐龙的尾巴上没有鳍，但是同样可以协助身体控制方向，在行进的时候帮助身体掌握平衡。

灵敏的嗅觉

移动时，皮氏吐龙的内鼻孔前侧有颚骨沟槽让水流过，然后水从内鼻孔后侧流出。当水从鼻管中流过时，其嗅觉器官能够感觉到气味。

PISTOSARUS >>>

三叠纪中期，海洋里生活着古老海生爬行动物——皮氏吐龙。皮氏吐龙在生理上同时拥有幻龙（颚骨与身体形状）和蛇颈龙（僵直脊椎骨）的特征。它们的头、颈和鳍状肢也与蛇颈龙相似。虽然皮氏吐龙不是蛇颈龙的直系先祖，但两者应该是近亲。

AUGUSTASAURUS
奥古斯塔龙

·奥古斯塔海怪·

扁平的"船桨"

　　奥古斯塔龙的四肢骨骼已演化成窄长、扁平且尖利的鳍状结构。它们可能利用这些鳍状肢如海狮般在海中"飞翔"。游动时海狮只会用到两肢，而奥古斯塔龙用四肢。

3米

1.8米

强壮的颈部

奥古斯塔龙的脖子相对蛇颈龙类较短，但是强壮有力。它强壮的颈部是与猎物搏斗时最好的武器。

我会认
奥 斯 塔 怪 船

我会写
怪 　 　 船 　

AUGUSTASAURUS >>>

奥古斯塔山位于美国内华达州西北部，在距今 2 亿年前的三叠纪，奥古斯塔龙就诞生在这里。

奥古斯塔龙是蛇颈龙目的一属，与皮氏吐龙都属于皮氏吐龙科。不过，近年分支系统学分析发现，皮氏吐龙科是蛇颈龙目的分类单元。

MIXOSAURUS
混鱼龙

· 海世界小游侠 ·

MIXOSAURUS >>>

拉丁文学名	Mixosaurus
学名含义	混合蜥蜴
中文名称	混鱼龙
类	鱼龙类
食　性	肉食性
体　重	不详
特　征	尾巴向下
生存时期	三叠纪中期
生活区域	亚洲、欧洲

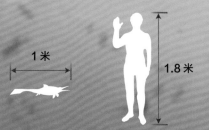

1米

1.8米

飞速游弋

混鱼龙的尾巴向上，四肢呈鳍状，身体是流线型的，因而游泳速度极快，可以在水中制造出浪线。

MIXOSAURUS >>>

距今2.34亿年前的三叠纪中期有一种比较原始的鱼龙类，那就是著名的混鱼龙，外观上保留了不少原始爬行动物的形态。这种较为原始的鱼龙是介于杯椎鱼龙和三叠纪晚期鱼龙之间的品种，据推测它可能和杯椎鱼龙在海洋里共同生活了上千万年。

我会认

妥 善 混 侠 保

我会写

妥			善		

眼睛的"铠甲"

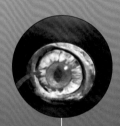

混鱼龙在水中游动，水会对身体的头部前端以强大的阻力，然后推压眼部。由于巩膜环的存在，混鱼龙的眼睛就能得到这些骨质结构的妥善保护。

CYMBOSPONDYLUS
杯椎鱼龙

· 深海潜龙 ·

CYMBOSPONDYLUS >>>

拉丁文学名	Cymbospondylus
学名含义	船的脊
中文名称	杯椎鱼龙
类	鱼龙类
食性	肉食性
体重	不详
特征	颌骨较大, 尾鳍细长
生存时期	三叠纪中晚期
生活区域	美国内华达州、德国

我会认

杯 椎 深 巩 膜

我会写

杯 　 深 　

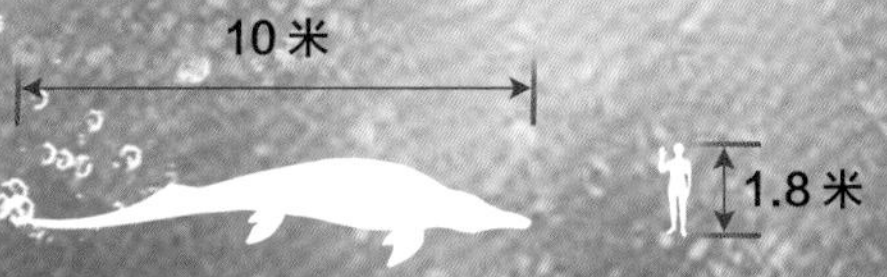

10 米

1.8 米

巩膜环的作用

杯椎鱼龙有着非球形的扁平眼球，巩膜环构造能充分保护有着大型眼球的鱼龙。

小、中型猎物捕食者

杯椎鱼龙有一个大的颌部，里面布有多排小牙齿，这使得它无法咬住大型生物。但这样的牙齿可以咬住小、中型的猎物。

CYMBOSPONDYLUS >>>

进入三叠纪，鱼龙类开始出现迅速地演化，以杯椎鱼龙为代表的重要大类亮相海底。杯椎鱼龙是中生代海洋里的猛兽，是最不像鱼类的鱼龙类之一。它们的身体圆润细长，尾巴像鳗鱼一样扁长。杯椎鱼龙的化石最早发现于德国与美国。中国贵州的上三叠统地层曾经发现过"亚洲杯椎鱼龙"，但是目前已经并入萨斯特鱼龙，这也反映了这两种鱼龙的相似性。

PLACOCHELYS
龟龙

· 水中"二郎神" ·

PLACOCHELYS >>>	
拉丁文学名	Placochelys
学名含义	平板乌龟
中文名称	龟龙
类	楯齿龙类
食 性	肉食性
体 重	不详
特 征	特殊功能的"第三只眼"
生存时期	三叠纪中期
生活区域	德国、中国

1米

1.8米

PLACOCHELYS >>>

　　三叠纪中期的德国，生活着一种看上去非常像现代海龟的海洋爬行动物。它们长着宽宽的、盾牌一样的甲壳，就像传说中带有仙气的海中神物一样徜徉海底，于是它们被命名为——龟龙。龟龙最大的特征就是头上有一只拥有特殊功能的"第三只眼"，堪称水中的"二郎神"，其"法力"不可估量。

方便进食

吻部坚硬，很像鸟喙，用来啄食带壳类的食物时会很方便。

自由摆控

龟龙具有类似海龟的鳍状肢，但又生有趾爪。

我会认

鳍 郎 神 自 由

我会写

自 　 　 由

CYAMODUS
豆齿龙

·匪夷所思的海中小怪·

1.5 米

1.8 米

奇怪的盔甲

豆齿龙背上的大壳覆盖着近似菱形的甲片，由颈部一直延伸到后肢，可是到了荐骨处就没有了"盔甲"的保护，最后在靠近尾巴的地方又长出一块甲板覆盖住臀部和尾巴相连的部分。

"心形"脑袋

豆齿龙最独特的地方是它那呈心形的头骨。头骨宽广且非常强壮，头骨中有很多大的洞孔，能够帮助豆齿龙减重。

拉丁文学名	Cyamodus
学名含义	牙齿像豆子
中文名称	豆齿龙
类	楯齿龙类
食　性	肉食性
体　重	不详
特　征	心形大脑袋
生存时期	三叠纪中期
生活区域	德国、中国

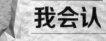

我会认

豆 匪 夷 所 思

我会写

豆 　 　 思 　 　

"豆状"牙齿

豆齿龙的牙齿就像一颗颗圆滚滚的豆子，具有像磨豆子的磨盘一样的功能，能够磨碎软体动物们的坚硬外壳，成为在海床上采摘带壳无脊椎生物的有利工具。

在中生代的海洋中，生活着许多海怪。它们长相奇特，豆齿龙便是其中的代表。1863年，有一个引人注目的、长有心形脑袋、夸张大嘴巴、身体像个烙饼似的化石被发现，这就是豆齿龙。2000年，中国也发现了豆齿龙化石，为研究古生物繁衍生息的场所提供了更多线索。

PLACODUS
楯齿龙

· 铁嘴钢牙 ·

PLACODUS >>>

拉丁文学名	Placodus
学名含义	平的牙齿
中文名称	楯齿龙
类	楯齿龙类
食 性	肉食性
体 重	不详
特 征	扁宽型躯干像拉长的乌龟
生存时期	三叠纪中期
生活区域	波兰、法国

2米

1.8米

粉碎功能

过去，古生物学家一直认为楯齿龙的进食方式和海象相似。后来人们才发现，其实海象是靠快速吸气的方法把贝壳里的肉"吸"进嘴里的，而楯齿龙则是靠"铁嘴钢牙"把贝壳咬个粉碎再吞进嘴里的。

PLACODUS >>>

楯齿龙是一种比较罕见的海生爬行动物，生存于三叠纪中期。楯齿龙类是早期鳍龙类大发展时期的又一独特种群，和幻龙、肿肋龙大致生活在一个时期。与其他鳍龙类不同的是，楯齿龙在数千万年的历史中始终没有发展出什么特别适合海洋生活的体态，比如桨形鳍等。它只是有一些脚蹼和扁尾巴之类普通的装备。可是它们却演化出了另外一项奇特的东西——壳。

补偿的功能

楯齿龙是楯齿龙家族的早期成员。与后来的成员不同的是，这个楯齿龙没有盔甲。于是它的两侧就生出粗壮的肋骨作为补偿。此外，其身体上方还发育出一排瘤状突起，让楯齿龙得到了更好的保护。

我会认

楯 铁 嘴 粉 碎

我会写

铁				粉		

坚固的腹肋筐

楯齿龙拥有坚固的腹肋，其身体横截面好似一个圆柱形，就像一个大筐，不仅能够支撑腹部，同样也可以保护脆弱的内脏。

CERESIOSAURUS
色雷斯龙

· 短脑袋的幻龙 ·

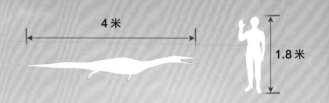

4 米

1.8 米

神秘的食谱

色雷斯龙天生就是追逐机器,它们会捕食肿肋龙等小动物。一些肿肋龙化石在色雷斯龙的胃部区域被发现,证明了这个推论。

20 世纪初期，在欧洲发现了色雷斯龙的化石，并由佩耶尔在 1931 年命名。色雷斯龙是一种已灭绝的海生爬行动物，属于幻龙目。色雷斯龙的身体比较修长，拥有完全发展的鳍状肢，非常类似较后期的蛇颈龙目。

CERESIOSAURUS >>>

拉丁文学名	Ceresiosaurus
学名含义	色雷斯的蜥蜴
中文名称	色雷斯龙
类	幻龙目
食 性	肉食性
体 重	约 410 千克
特 征	呈多指形的鳍状肢
生存时期	三叠纪中期
生活区域	欧洲

我会认
色 幻 肢 推 进

我会写
色 ☐ ☐ 推 ☐ ☐

后肢推进

色雷斯龙的腿骨变短、腰带僵硬，同时后趾骨发达，尾部宽厚，显示它们主要靠后肢在水中推进，这与近亲欧龙靠前肢划水的游泳技法大相径庭。

ARCHELON
古海龟
·远古"老寿星"·

ARCHELON >>>	
拉丁文学名	Archelon
学名含义	巨大的龟
中文名称	古海龟
类	龟类
食　性	肉食性
体　重	约 2 200 千克
特　征	椭圆形背部和桨状鳍
生存时期	白垩纪晚期
生活区域	美国

我会认

拔 桨 前 游 龟

我会写

前 ☐ ☐ 游 ☐ ☐

3.5米

1.8米

44

头足类的克星

古海龟锋利的嘴能够帮它咬开有壳动物，如菊石（一种已灭绝的海生无脊椎动物）。

拨桨前游

古海龟的四片桨状鳍很大，能帮助古海龟减少在水中游动的阻力并控制前进方向，还能辅助它浮出水面进行换气。古海龟也就变成了在开阔海洋中能进行长距离游泳的"能力龟"。

ARCHELON>>>

海龟的演化历史可谓是一段相当长的历史，而白垩纪晚期的海龟叫作古海龟，是现代世界上最大的海龟——棱皮龟的亲戚。它的体形同现代海龟很像，也有着外壳保护，所以对于大型掠食动物来说它是一种非常棘手的猎物。据相关研究者推测，古海龟可以活到100多岁，堪称白垩纪时期的"百岁老人"。

KEICHOUSAURUS
贵州龙

·中国贵州的奇妙生物·

0.3 米

1.8 米

奇异的卵胎生

在一些贵州龙化石中，可以在腹部发现许多小贵州龙的骨骼，这些胎儿都分布在体内腰部两侧，而其中一件标本可以发现其腹部小贵州龙的化石排列都是头向外、尾巴向内的方向，这也是贵州龙卵胎生的证据。

提到肿肋龙类，古生物学界就肯定会提到中国，因为中国是发现这类动物化石最多的国家，而贵州龙就是中国最典型、最普遍的一种肿肋龙类。1957年，中国地质博物馆胡承志研究员在途经贵州兴义市顶效镇时，发现了这种从未见过的、保存十分完整的长颈长尾古爬行动物化石。当地老乡看见胡承志对这种小东西情有独钟，都大惑不解，他们告诉胡承志说这是当地极为常见的"四脚蛇"。胡承志把化石标本带回北京，后经杨钟健院士鉴定，确认这是一种生活于三叠纪的水生爬行动物，并命名其为"贵州龙"。

我会认
贵州卵胎生

我会写
卵			生		

KEICHOUSAURUS >>>

拉丁文学名	Keichousaurus
学名含义	贵州蜥蜴
中文名称	贵州龙
类	肿肋龙类
食 性	肉食性
体 重	不详
特 征	四肢尚未退化成鳍脚
生存时期	三叠纪中期
生活区域	中国贵州省

ASKEPTOSAURUS
阿氏开普吐龙

·海龙真身·

ASKEPTOSAURUS >>>

拉丁文学名	Askeptosaurus
学名含义	阿氏开普的蜥蜴
中文名称	阿氏开普吐龙
类	海龙类
食　性	肉食性
体　重	不详
特　征	体形瘦长,有鳍状肢
生存时期	三叠纪中期
生活区域	瑞士、意大利

2米

1.8米

灵活的长尾巴

阿氏开普吐龙有一个很长的尾巴,像鞭子一样。但水中的阻力可能不会让阿氏开普吐龙的尾巴挥动有劲,只会帮助它们在水中灵活地游动。

我会写

真 □ □ □ 身 □ □ □

巩膜环护航

阿氏开普吐龙有一对大大的眼睛，可以帮助它更清楚地观察四周环境。在它的眼睛周围布有巩膜环，具有免于巨大水压压碎眼睛的作用。由此古生物学家推断阿氏开普吐龙是在深海中捕猎的动物。

ASKEPTOSAURUS >>>

在三叠纪中期的欧洲，大海里生活着一种非常瘦长的动物——阿氏开普吐龙。它们以类似鳗鱼的游泳方式——借助有蹼的四肢游动，硕大的眼睛在大海中能够自如地观察周围情况。科学家们相信阿氏开普吐龙能潜入深水中去找寻鱼类食物。它们大部分时间是在海洋中度过的，可能只有在生蛋的时候才会到陆地上来。

MIODENTOSAURUS
贫齿龙

· 少牙的海中蜥蜴 ·

MIODENTOSAURUS >>>	
拉丁文学名	Miodentosaurus
学名含义	少牙蜥蜴
中文名称	贫齿龙
类	海龙类
食　性	肉食性
体　重	不详
特　征	只在嘴前有少量牙齿
生存时期	三叠纪晚期
生活区域	中国贵州省

瘦长的身体

　　贫齿龙同阿氏开普吐龙一样，是非常瘦长的动物，可能以类似鳗鱼的方式游泳。瘦长的身体不仅可以减少来自海水的阻力，让贫齿龙在海中自由穿梭，同样也可让它远离被猎食的危险。

我会认

贫　鳗　瘦　稀　疑

我会写

鳗			稀		

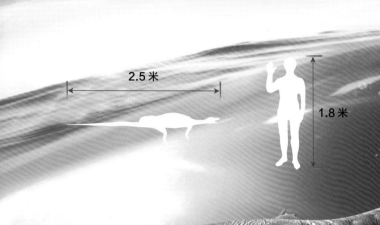

2.5 米

1.8 米

稀少的牙齿

贫齿龙的牙齿非常稀少，仅仅限于上颌和下颌的前端，这可能与其食性有密切的关系。

食性的疑问

贫齿龙的前后肢末端有着扁平的趾骨爪，综合其他特征，古生物学家认为贫齿龙并非纯粹的肉食动物。

MIODENTOSAURUS >>>

与鱼龙和蛇颈龙这些远古海洋的霸主相比，海龙类的身体结构，尤其是四肢形态，还保留着其陆地动物祖先的原始形态，并非特别适应水中生活，不具备远洋生活能力，只能生活在浅海环境。贫齿龙是一种奇特的海龙类，它的身体非常瘦长。在形态学上，贫齿龙下颌的反关节突和肱骨的嵴暗示着，它与发现于瑞士和意大利的阿氏开普吐龙的关系最为密切。

THALASSIODRACON
海洋龙

·盘踞浅海的大脑袋·

THALASSIODRACON >>>

拉丁文学名	Thalassiodracon
学名含义	海洋的龙
中文名称	海洋龙
类	蛇颈龙类
食 性	肉食性
体 重	不详
特 征	颈部很长，头比蛇颈龙大
生存时期	三叠纪晚期
生活区域	英国

1.8 米

1.8 米

尾舵掌控

与脖子相比，海洋龙的尾巴
显得非常短小，但这条短尾还是
有着重要作用的，它能在海洋龙
畅游的时候充当方向舵。

中生代的海洋中，长脖子、长有鳍状肢的怪兽盘踞大海，它们用神奇的力量成为统治中生代的海洋霸主。其中有一种叫作海洋龙的小型动物，它属于蛇颈龙类，有着特色鲜明的长脖子。海洋龙的头骨与身体的比例比蛇颈龙的比例还大，是身体总长的十分之一。同其他蛇颈龙类，海洋龙可能对于浅海环境适应良好。

我会认

浅 掌 控 美 食

我会写

浅 | | | 美 | |

强悍的嘴部

古生物学家曾经在蛇颈龙类化石的胃部区域，发现了菊石类与箭石类的化石。这表明它们有着强悍的嘴部，能够咬穿猎物坚硬的外壳。

NOTHOSAURUS
幻龙

3.5 米

1.8 米

致命牙齿

幻龙的牙齿也很有意思，其前部的比较细长，后部的变得短小稀疏。和蛇颈龙一样，幻龙有着结构复杂的双重颌部内收肌，因此推测它们可以像今天的鳄鱼一样进行快速有力地猛咬，猎物一旦入口就很难挣脱。

NOTHOSAURUS >>>

在距今约 2.3 亿年前的三叠纪中期，生活着一种半海生动物——幻龙。它们遨游于大海之中，过着类似现在的海豹一样的生活。幻龙是已灭绝的鳍龙类家族成员之一，也是幻龙目中的"明星大咖"。幻龙的身体在许多方面类似较晚期的蛇颈龙目，但它们没达到蛇颈龙目般高度适应水生环境的程度。幻龙是最古老的海洋爬行动物之一，被称为迷幻的"海洋杀手"。

游泳高手

　　幻龙类四肢略长，尺骨比肱骨短，胫骨和腓骨也比大腿骨短很多，简单来说，就是幻龙类的大腿比小腿长，而且长1倍以上。这种肢体结构明显是水生习性的依据。

NOTHOSAURUS >>>

拉丁文学名	Nothosaurus
学名含义	假冒的蜥蜴
中文名称	幻龙
类	鳍龙类
食 性	肉食性
体 重	约1000千克
特 征	钉状尖牙
生存时期	三叠纪中期
生活区域	德国

55

图书在版编目（CIP）数据

我的潜水小恐龙 / 韩雨江主编. — 长春 ：吉林科
学技术出版社，2017.10
ISBN 978-7-5578-3046-5

Ⅰ．①我… Ⅱ．①韩… Ⅲ．①恐龙－儿童读物 Ⅳ.
①Q915.864-49

中国版本图书馆CIP数据核字(2017)第221905号

WO DE QIANSHUI XIAO KONGLONG

我的潜水小恐龙

主　　编　韩雨江
科学顾问　徐　星　[德] 亨德里克·克莱因
出 版 人　李　梁
责任编辑　朱　萌　李永百
封面设计　长春美印图文设计有限公司
制　　版　长春美印图文设计有限公司
开　　本　889mm×1194mm　1/16
字　　数　50千字
印　　张　3.5
印　　数　8 000册
版　　次　2017年10月第1版
印　　次　2017年10月第1次印刷
出　　版　吉林科学技术出版社
发　　行　吉林科学技术出版社
地　　址　长春市人民大街4646号
邮　　编　130021
发行部电话/传真　0431-85652585　85635177　85651759
　　　　　　　　　　　　　　85651628　85635176
储运部电话　0431-86059116
编辑部电话　0431-85659498
网　　址　www.jlstp.net
印　　刷　吉广控股有限公司
书　　号　ISBN 978-7-5578-3046-5
定　　价　22.80元